DAS **KLEINE BUCH** DER

Katzensprache

WAS DIR DEINE SAMTPFOTE
SAGEN WILL

Geschrieben und illustriert von Lili Chin
Übersetzt von Claudia Händel

Dieses Buch ist
Mambo und Shimmy
gewidmet,
meinen beiden
Lieblingskatzen.

Inhalt

Einleitung   5

Geruch   11

Ohren   25

Augen   39

Tasthaare   51

Schwanz   57

Körperhaltung   77

Katzenlaute   101

Freundliches Verhalten   111

Konflikt- oder Stressverhalten   127

Spielen   141

Danke   157

Verhaltensweisen können ganz unterschiedliche Bedeutungen haben – je nachdem, von welcher Tierart sie gezeigt werden.

Einleitung

Hallo Katzenfreunde!

Kurz nachdem mein Partner und ich unsere beiden Katzen adoptiert hatten, wurde ich von unserem flauschigen schwarzen Kater Mambo als Lieblingsmensch auserkoren. Mambo lässt sich selten von meinem Partner – oder jemand anderem – streicheln, mir aber folgt er überall hin, trillert zur Begrüßung, reibt seine Wange an meiner Hand, sitzt auf meinen Sachen, beobachtet mich bei der Arbeit und lehnt sich auf der Couch an mich. Er liebt es auch, wenn ich sein Puzzle-Spielzeug, den Clicker und Leckerlis raushole, um mit ihm zu spielen.

Ich hätte nicht erwartet, so viel Aufmerksamkeit von einer Katze zu bekommen, also scherzte ich mit Freunden, dass Mambo sich wie ein Hund benimmt. Ich werde nie die verärgerte Antwort meines Freundes, eines Verhaltensforschers für Katzen, vergessen: „Nein, er benimmt sich wie eine Katze!"

Damals war ich ein Neuling in Sachen Katze (nachdem ich dreizehn Jahre lang mit einem Hund zusammengelebt hatte). Ich wollte wissen, ob an der landläufigen Meinung, dass Katzen weniger gesellig und erziehbar seien als Hunde, etwas dran ist. Anscheinend gibt es für jedes Klischee über Hunde als unsere besten Freunde eines über Katzen als unnahbare, seltsame oder blutrünstige Gesellen …

Es stimmt zwar, dass Katzen als Spezies einzelgängerische Raubtiere sind. Allerdings bestätigen die neuesten wissenschaftlichen Erkenntnisse, was viele von uns bereits aus Erfahrung wissen: Katzen sind sozial flexible Geschöpfe, die sich an ihre Menschen binden (wie Katzenjunge an ihre Mütter) und auf ihre ganz eigene Weise ihre Zuneigung und ihr Vertrauen oder ihr Bedürfnis nach „Me-Time" ausdrücken.

Als dieses Buch geschrieben wurde, lagen noch nicht so viele wissenschaftliche Daten zur Körpersprache von Katzen vor wie für Hunde. Dennoch gibt es eine Fülle von Forschungsergebnissen, die uns zeigen, wie Katzen kommunizieren. Warum reiben meine Katzen ihr Gesicht an der Ecke der Wand und kratzen überall? Wollen meine Katzen gestreichelt werden oder brauchen sie Freiraum? Ist meine Katze selbstbewusst, ängstlich, entspannt oder verärgert? Spielen meine Katzen oder kämpfen sie? Die Fähigkeit, die Körpersprache der Katzen zu erkennen und zu deuten, ist der erste Schritt, damit sich Ihre Samtpfote sicher und glücklich in ihrem Zuhause fühlt.

Worauf sollten Sie also achten? Katzen signalisieren ihre Stimmungen und Gefühle mit jedem Teil ihres Körpers: mit ihrem Gesicht, ihren Augen, Ohren, Schnurrhaaren und ihrem Schwanz, ihren wechselnden Körperhaltungen sowie der Richtung und Geschwindigkeit ihrer Bewegungen. Aber man muss mehr als nur ein Körperteil oder eine Pose betrachten, um wirklich zu wissen, was eine Katze sagt. Wenn eine Katze mit gekrümmtem

Rücken und aufgeplustertem Schwanz den Rückzug antritt und faucht, hat sie vermutlich Angst. Wenn sie hingegen hüpft und seitwärts springt, könnte sie in Spiellaune sein.

Beim Lesen und Verstehen der Körpersprache von Katzen geht es darum, die Bewegungen im Gesamtkontext zu betrachten und den Zusammenhang zwischen dem Verhalten und dem Gesamtbild zu verstehen. Das Schreiben und Illustrieren dieses Büchleins hat mir die Augen dafür geöffnet, wie meine Katzen untereinander und mit mir „sprechen". Es hat mir zu einer neuen Wertschätzung dieser sensiblen, intelligenten und ausdrucksstarken Tiere verholfen. Ich hoffe, dass Sie beim Lesen dieses Buches genauso empfinden.

Lili ×

Gut zu wissen

1. Den ganzen Körper in Aktion beobachten

Achten Sie immer auf den ganzen Körper, wenn die Katze in Aktion ist, auch wenn sie nur ein einzelnes Körperteil bewegt.

2. Auf den Kontext achten

Jedes Verhalten hat einen Zweck. Um alles zu verstehen, was Ihre Katze sagt und warum, schauen Sie sich die Situation an, in der das Verhalten auftritt.

3. Jede Katze ist anders

Das Verhalten einer Katze wird auch durch ihr Alter, ihren Gesundheitszustand, ihre Rasse, ihr Geschlecht, ihre Genetik und ihre individuellen Erfahrungen in der Vergangenheit bestimmt. Eine Katze zum Beispiel, die als Kitten mit Menschen sozialisiert wurde, kann sich in der Nähe von Menschen anders verhalten als eine Katze, die diese frühen positiven Erfahrungen nicht hatte. Es ist völlig normal, dass sich in ein und derselben Situation jede Katze anders verhält.

GERUCH

Auch wenn wir Menschen
Duftstoffe und Pheromone nicht
zu deuten vermögen, können wir bei
unseren Katzen Verhaltensweisen
beobachten, die mit der
Kommunikation durch Geruch
zusammenhängen.

Olfaktorische Kommunikation

Jede Katze hat einen charakteristischen Eigengeruch. Katzen lernen sich über den Geruchssinn als ihren wichtigsten Sinn kennen. Durch Körperkontakt mit befreundeten Artgenossen vermischen Katzen ihren persönlichen Körpergeruch, sodass ein Gruppengeruch entsteht, der sie erkennen lässt, wer zu ihrer sozialen Gruppe gehört und wer nicht. Katzen, die miteinander befreundet sind oder zur Familie gehören, frischen häufig ihren Gruppengeruch auf, indem sie sich berühren, nah beieinander schlafen oder sich gegenseitig putzen.

Eine Katze, die für eine Weile ihr Zuhause verlässt und deren Eigengeruch bei ihrer Heimkehr durch fremde Gerüche überlagert ist, wird von ihren kätzischen Mitbewohnern möglicherweise so lange nicht erkannt, bis sie wieder ihren Eigengeruch angenommen hat.

Duftdrüsen

Die Duftdrüsen im Gesicht und am Körper der Katze geben chemische Signale (Pheromone) ab, die von anderen Katzen wahrgenommen werden. An welchen Körperstellen genau diese Duftdrüsen sitzen, ist nach wie vor Gegenstand der Forschung. Der aktuelle Wissensstand sieht so aus:

Duftdrüsen der Katze

Duftmarkieren

Duftmarkieren bedeutet das Übertragen von chemischen Signalen (einschließlich Pheromonen) auf Gegenstände im und um das Zuhause der Katze. Diese Verhaltensweise ist ein wesentlicher Bestandteil der Katzenkommunikation und gibt den Mini-Tigern Sicherheit, wo auch immer sie gerade sind.

Reiben und Kratzen

Verhaltensweisen, mit denen Katzen chemische Signale von Duftdrüsen im Gesicht und zwischen den Zehen übertragen.

Was zu sehen ist

- Reibt Gesicht und Körper an Wänden, Möbeln und so weiter
- Benutzt Krallen zum Kneten oder Kratzen

Was es bedeuten kann

- Freut sich, wenn Gegenstände und Orte vertraut und beruhigend riechen
- „Hier war ich schon mal" oder „Hier wohne ich"
- Frischt ihre Zeit- und Wegmarkierungen von aufgesuchten Orten auf (Geruch lässt mit der Zeit nach)
- Tauscht Duftbotschaften mit anderen Katzen aus

Katzenklo

Das Katzenklo ist ein Ort, an dem der Eigengeruch einer Katze oder der Gruppengeruch aller in einem Haushalt lebenden Katzen stark konzentriert ist.
Katzen meiden unter Umständen ihr Katzenklo, wenn es stark nach Reinigungsmitteln oder Lufterfrischern riecht.

Harnspritzen (Harnmarkieren)

Kann wie Pinkeln aussehen, drückt aber andere Bedürfnisse aus.

Was zu sehen ist

- Der Katzenschwanz ist senkrecht hochgestreckt und zittert manchmal (siehe auch Seite 62)
- Spritzt Urin auf eine senkrechte Fläche oder einen Gegenstand, der höher ist als der Boden

Was es bedeuten kann

- Stress, Unsicherheit
- Muss sich neu orientieren und bestätigen, wo sie ist
- „Es passieren merkwürdige Dinge in meinem Zuhause!"
- „Dieser Ort muss sich wie ein Zuhause anfühlen."
- Eine unkastrierte Katze lockt ihre Partner durch Duftbotschaften an

Geruchsverarbeitung (Flehmen)

Die Verständigung von Katzen untereinander ist stark geruchsorientiert. Daher besitzt die Katze zwei Riechorgane: ihre Nase und das Jacobsonsche Organ (auch Vomeronasalorgan), das am Gaumendach lokalisiert ist. Der beim Riechen mit diesem Organ gezeigte Gesichtsausdruck wird als Flehmen/„Riech-Schmecken" bezeichnet (auch bekannt als Stinkgesicht, Elvis-Imitation oder Schnaufen). Oft wird er auch als wütend missverstanden, obwohl die Katze nur einen Duft verarbeitet.

INTERESSANT

Offenes Maul
(die unteren
Zähne sind
sichtbar)

Was zu sehen ist

- Oberlippe ist gekräuselt, Unterlippe hängt leicht herunter
- Kann wie ein Gähnen, Naserümpfen oder eine Grimasse aussehen

Was es bedeuten kann

- „Ich informier mich mal eben …"
- Intensive Duftaufnahme durch gleichzeitiges Einatmen und „Schmecken"
- Erschnuppert Pheromone

Übrigens: Flehmen ist nicht nur bei Katzen verbreitet. Pferde, Nashörner, Ziegen, Rehe, Schafe und Hunde tun es auch! Das Verhalten sieht nur je nach Art unterschiedlich aus.

Spaß für Spürnasen

Geruchserkennung

Genau wie Hunde besitzen auch Katzen einen ausgezeichneten Geruchssinn sowie die ausgeprägte Fähigkeit, Gerüche aufzuspüren und ihre Quelle genau zu bestimmen.

Beim Aufspüren von Gerüchen bewegen sich Katzen im Allgemeinen langsamer als Hunde und können desinteressiert wirken (etwa, indem sie innehalten und ins Leere starren), wenn sie mit Analysieren beschäftigt sind.

Die „Katzenminze-Reaktion"

Wenn unsere Mini-Tiger die chemischen Stoffe von Katzenminze oder etwa Baldrian riechen, ruft dies ganz unterschiedliche Reaktionen hervor.

Was zu sehen ist

- Wälzt sich auf dem Boden
- Reibt Wangen und Kinn an der Pflanze
- Speicheln, Kopfschütteln (siehe Seite 134), Hautzucken (siehe Seite 133), spielerisches Zupacken, Kauen und Bunny Kick (siehe Seite 145)

Was es bedeuten kann

- Auf manche Katzen wirkt es beruhigend, entspannend
- Auf andere Katzen wirkt es anregend, berauschend

Übrigens: Nicht alle Katzen zeigen überhaupt eine Reaktion oder gar die gleichen visuellen Signale.

Kopfreiben

Wälzen

Spielzeug mit Katzenminze oder Baldrian

Kauen

Treten

OHREN

Katzen verfügen über ein exzellentes Gehör. Ihre Ohren sind zudem eines ihrer ausdrucksvollsten Gesichtsmerkmale. Jedes Ohr hat 32 Muskeln, wodurch es sich in alle Richtungen bewegen kann.

Ohren nach vorn gerichtet

Dies ist bei den meisten Katzen eine entspannte Ohrenstellung.

Was zu sehen ist

- Nach vorn gerichtete Ohröffnungen
- Ohrspitzen zeigen nach oben, seitlich leicht abgewinkelt (der Winkel hängt von der einzelnen Katze ab)

Was es bedeuten kann

- Mieze ist zufrieden
- Fühlt sich wohl, ist entspannt
- Sind die Ohren gerade aufgerichtet, konzentriert sich die Katze auf etwas in der Umgebung

Gut zu wissen: Je größer der Abstand zwischen den Ohrspitzen, desto unwohler fühlt sich Ihre Katze.

Stehen hoch und eng — **AUFMERKSAM**

Aufgerichtet, leicht abgewinkelt — **ZUFRIEDEN**

Auf- und seitlich gerichtet — **NICHT OKAY**

Radar-Ohren

Die meisten Katzen können ihre Ohren in die verschiedensten Richtungen bewegen: weiter auseinander, näher zusammen, nach vorne, zur Seite, nach hinten und in verschiedenen Kombinationen.

Was zu sehen ist

- Ohrmuscheln drehen sich kurz in eine beliebige Richtung, dann wechseln sie die Ausrichtung
- Jedes Ohr bewegt sich separat

Was es bedeuten kann

- „Ist da etwas, auf das ich achten sollte?"
- Ortet die Richtung, aus der Geräusche kommen
- Ortet die Quelle eines Geräuschs

Anhand der Ohrenstellungen und -bewegungen im Zusammenhang mit anderen Veränderungen in ihrer Körpersprache können Sie erkennen, ob eine Katze unbeeindruckt, neugierig oder beunruhigt ist.

Ohren gedreht

Je nach Drehung der Ohren spricht man von seitlich gerichteten oder seitlich gedrehten Ohren.

Was zu sehen ist
- Beide Ohren bleiben in gedrehter Stellung
- Spitzen zeigen nach oben oder nach hinten (die Ohren erscheinen von vorn dünner)

Was es bedeuten kann
- Katze ist unruhig
- Ist verwirrt
- Ist verärgert
- „Irgendetwas stimmt nicht."
- „Ich muss auf der Hut sein!"

Gut zu wissen: Wenn beide Ohren seitlich und nach außen gerichtet sind, kann das bedeuten, dass Ihre Samtpfote gleichzeitig zwei Dinge aus entgegengesetzten Richtungen hört. Ob sie gestresst ist, können Sie daran erkennen, wie lange beide Ohren in dieser Stellung bleiben. Je weiter die Ohren nach hinten gedreht sind, desto verärgerter ist Ihre Katze. Und wenn beide Ohren seitlich am Kopf angelegt sind, hat sie vermutlich Angst.

SO NICHT
Ohren gedreht

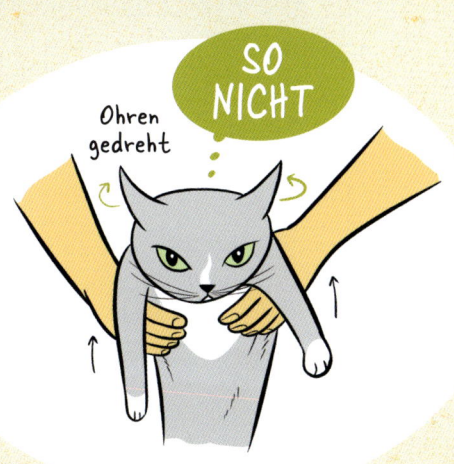

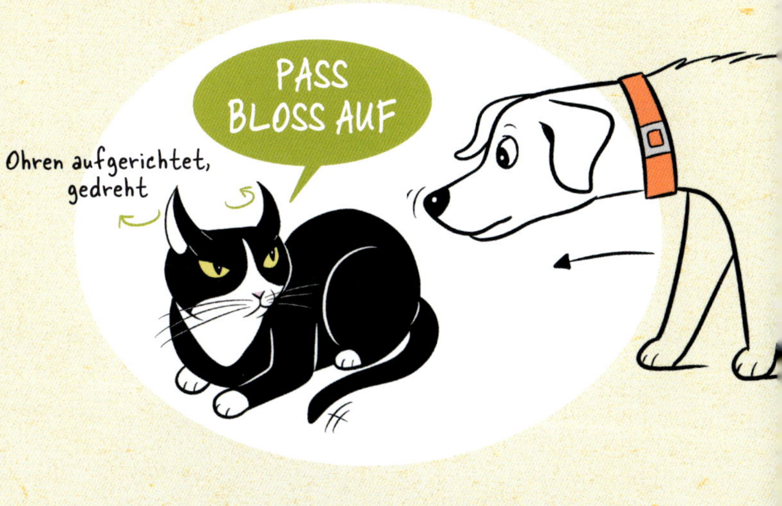
PASS BLOSS AUF
Ohren aufgerichtet, gedreht

Flach angelegte Ohren
alias „Flugzeugohren"

OH
NEIN!

Geweitete
Pupillen

Geduckt, Kopf
und Beine
eingezogen

Ohren flach angelegt

Auch heruntergeklappte Ohren, abgeflachte Ohren, unsichtbare Ohren oder, wenn die Spitzen zur Seite oder wie Flügel nach hinten gerichtet sind, „Flugzeugohren" genannt.

Was zu sehen ist

- Ohren erscheinen flach, Ohröffnungen nicht sichtbar
- Ohrenspitzen zeigen nach unten oder hinten

Was es bedeuten kann

- Ist erschrocken
- Hat Angst
- Fühlt sich in die Enge getrieben

Je flacher die Ohren, desto größer die Angst!

Ohren ganz flach

Fauch!!!!

NICHT NÄHERKOMMEN!!

Defensive Körperhaltung

Ohren nach unten

Im Allgemeinen sind die Ohren einer Katze auf- und nach vorn gerichtet, wenn sie sich zufrieden und sicher fühlt. Wenn die Ohren die Richtung ändern, achten Sie darauf, wie lange sie so bleiben und was mit dem ganzen Körper passiert, um festzustellen, ob die Katze gestresst ist oder nicht.

Gestresst

Wenn eine Katze sich versteckt oder duckt, zeigen uns flach angelegte Ohren, dass sie sich überfordert fühlt oder Angst hat.

Ich schütze nur meine Ohren

Beim Spielen oder Kämpfen können Katzen ihre Ohren zu ihrem eigenen Schutz anlegen. Sie können ihre Ohren auch zur Seite legen, wenn sie gestreichelt oder am Kopf geputzt werden.

Flexibilität

Eine Katze kann ihre Ohren anlegen, sodass sie bequem durch eine Engstelle passt.

Gestresst

Ohren flach nach unten angelegt

Kopf gesenkt, geduckt/versteckt sich

Geweitete Pupillen

Ich schütze nur meine Ohren

Ohren flach nach hinten angelegt

Leck Leck

Ohren flach angelegt

Flexibilität

Ohren flach nach vorn angelegt

Andere Ohrformen

Einige Katzenrassen können ihre Ohren nur einge-
schränkt bewegen: Manche können ihre Ohren nicht
komplett drehen oder flach anlegen und andere können
sie überhaupt nicht bewegen. Ein Grund mehr, sich den
ganzen Körper in Aktion anzuschauen, wenn Sie wissen
wollen, wie sich eine Katze fühlt.

Kleine Ohren,
weit auseinander

Minimale
Drehung

Ohren eng beieinander
(minimale Bewegung)

AUFMERKSAM

ENTSPANNT

Immer nach hinten gekräuselt

Sehr breit, immer seitlich gerichtet

ÄNGSTLICH

AUFGEREGT

Ohren immer flach angelegt/ nach unten gefaltet

AUGEN

Nicht nur die Umgebung,
sondern auch wir Menschen
und unsere Reaktionen stehen unter
ständiger Beobachtung unserer
Stubentiger.
Das ist ihre Art, zu lernen.

Sanfter Blick, langsames Blinzeln

Der sanfte Blick einer Katze ist ein Zeichen des Friedens.

Was zu sehen ist
- Augenkontakt mit mandelförmigen oder schläfrig wirkenden Augen
- Kann zusätzlich langsam, schläfrig blinzeln

Was es bedeuten kann
- Fühlt sich wohl
- Ist freundlich gestimmt
- Will keine Spannung aufkommen lassen
- „Ich fühl mich wohl bei dir."
- Erwidert ein langsames Blinzeln einer anderen Katze oder eines Menschen

Katzen sehen Bewegungen besser als feine Muster. Wenn es so aussieht, als würde Ihre Katze Sie anstarren, ohne zu blinzeln, könnte es sein, dass sie nur auf die Bewegungen im Raum schaut und nicht direkt auf Sie.

Anstarren/
Zum Wegsehen zwingen

Das Gegenteil des sanften Blicks. Anstarren ist ein
konfrontatives Verhalten.

Was zu sehen ist

- Längeres Anstarren einer anderen Katze
- Aufrechte Körperhaltung, hoch getragener Kopf
- Reglos

Was es bedeuten kann

- Katze ist verärgert
- „Das ist mein Bereich."
- „Bleib, wo du bist, sonst …"
- Stellt sich darauf ein, die andere Katze zu verjagen

Übrigens: Das gegenseitige Anstarren zweier
Katzen kann dazu führen, dass sich entweder
eine Katze abwendet oder es zu einem Konflikt
kommt. Achten Sie bei dieser Interaktion auf
die Körpersprache beider Katzen, um herauszu-
finden, was wirklich vor sich geht (siehe auch
Drohend auf Seite 97).

Spielerischer Jagdblick

Typischerweise gefolgt von einer Bewegung aus dem Hinterhalt oder einem Sprung.

Was zu sehen ist

- Intensives Starren mit großen Augen auf ein kleines, sich bewegendes Objekt oder ein kleines Tier
- Aufmerksame Ohren (siehe auch Seite 27)
- Reglose Vorderbeine, Bewegung in den Hinterbeinen und im Schwanz

Was es bedeuten kann

- Sehr interessiert
- Auf etwas fixiert
- In Jagdspiellaune (siehe auch Seite 143–145)
- „Dich krieg' ich!"

Übrigens: Katzen können ausgezeichnet Bewegungen wahrnehmen – unter einer Entfernung von 30 cm können sie jedoch nicht mehr scharf sehen (siehe auch Seite 54).

Pupillengröße

Da Katzenaugen bei Helligkeit oder völliger Dunkelheit nicht gut sehen können, verändern sich ihre Pupillen entsprechend den Lichtverhältnissen. Die normale (oder neutrale) Größe der Pupillen kann je nach Katze variieren.

Verengte Pupillen

Was zu sehen ist

- Pupillen sehen aus wie schmale vertikale Schlitze

Was es bedeuten kann

- Besser sehen können, wenn es zu hell ist
- Schärfer sehen, um Entfernungen abzuschätzen

Geweitete Pupillen

Was zu sehen ist

- Die Pupillen sind groß und rund
- Die Pupillen können sich blitzschnell weiten und dann wieder ihre normale Größe annehmen

Was es bedeuten kann

- Bei schwachem Licht besser sehen können
- Je nach Körpersprache und Kontext kann die Katze entweder sehr aufgeregt oder sehr verängstigt sein.

Übrigens: Bestimmte Medikamente können ebenfalls zu einer Größenveränderung der Pupillen führen.

VERÄNGSTIGT

Pupillen geweitet

Ohren flach angelegt

Versteckt sich

ENT-SPANNEN?! WIE DENN?!

TASTHAARE

Uns Menschen springen die Tasthaare einer Katze möglicherweise nicht gleich ins Auge. Sie erfüllen jedoch wichtige Funktionen.

Tasthaare am Maul, entspannt

Die meisten entspannten Katzen halten ihre Tasthaare, auch Vibrissen genannt, seitlich und leicht nach unten. Die Struktur dieser Tasthaare ist rasseabhängig.

Die Follikel der Tasthaare im Gesicht einer Katze werden von Blutgefäßen versorgt und besitzen sensorische Nervenenden. Damit kann die Katze:

- feinste Luftströme wahrnehmen
- erspüren, ob sie durch Engstellen passt
- rechtzeitig blinzeln, um ihre Augen vor Gefahren zu schützen
- dicht vor ihren Augen befindliche Gegenstände oder Beute erkennen

Schnurrhaare signalisieren auch, wie sich die Katze fühlt oder was sie gerade tut.

Tasthaare nach vorn ausgefächert

Was zu sehen ist

- Tasthaare sind nach vorn ausgefächert (während sich die kleine Räuberin auf etwas konzentriert)
- Das Maul kann „aufgeplustert" erscheinen

Was es bedeuten kann

- Aufregung
- Neugierde
- Misst Distanz zu einem Beutetier oder Objekt in der Nähe (Katzen können im Nahbereich nicht gut sehen)

Tasthaare eng nach hinten angelegt

Was zu sehen ist

- Tasthaare sind flach ans Gesicht gedrückt, können wie zusammengebunden aussehen

Was es bedeuten kann

- Angst
- Überforderung
- „Fass meine Schnurrhaare nicht an."

Eine Katze kann ihre Schnurrhaare auch zum Schutz anlegen, wenn ihr etwas zu nahe kommt, und um zu vermeiden, dass sie berührt werden (siehe auch Seite 139, gesträubte Tasthaare)

Nach hinten angelegte Tasthaare

SCHWANZ

Katzen verlassen sich auf ihren Schwanz als „Balancierstange", um beim Bewegen und Klettern das Gleichgewicht zu halten. Schwanzstellung und -bewegung sind aber auch ein Stimmungsbarometer.

Entspannt, nach oben geschwungen

Entspannt, gesenkt

Entspannt, hängt locker herunter

Entspannter Schwanz

Was zu sehen ist

- Eine entspannte Schwanzstellung sieht bei jeder Katze in Bewegung etwas anders aus
- Leicht eingerollt (nicht steif oder angespannt)

Was es bedeuten kann

- „Ich häng' einfach nur rum!"
- Ist entspannt
- Fühlt sich nicht gestört

Entspannte Schwanzstellung

Erhobener Schwanz

Was zu sehen ist

- Schwanz wird hochgereckt und locker getragen
- Spitze kann entweder leicht geschwungen sein, wie ein Fragezeichen, oder leicht eingerollt, wie eine Zuckerstange

Was es bedeuten kann

- Katze ist glücklich
- Fühlt sich sicher
- Ist freundlich gestimmt
- „Ich komme in Frieden" (und du kannst meinen Schwanz schon von Weitem sehen)
- „Ich würd' gern was mit dir unternehmen."

Nicht zu verwechseln mit aufgeplustertem Schwanz, ab Seite 71.

Zitternder Schwanz

Sieht man, wenn eine Katze jemanden begrüßt (nicht zu verwechseln mit dem zitternden Schwanz vor dem Harnspritzen, siehe Seite 19).

Was zu sehen ist
- Schwanz ist hoch aufgerichtet und bebt am Ansatz (zuckt nicht)

Was es bedeuten kann
- Katze ist glücklich
- Ist aus dem Häuschen
- Ist super aufgeregt oder will unbedingt etwas

Zitternder/ bebender Schwanz

BIN SO FROH, DICH ZU SEHEN!

Buckel

Kommt näher →

Schwanzkontakt

Was zu sehen ist

- Der Schwanz berührt oder umschlingt den Schwanz oder Körper einer anderen Katze oder die Beine einer Person

Was es bedeuten kann

- Zuneigung
- Möchte interagieren

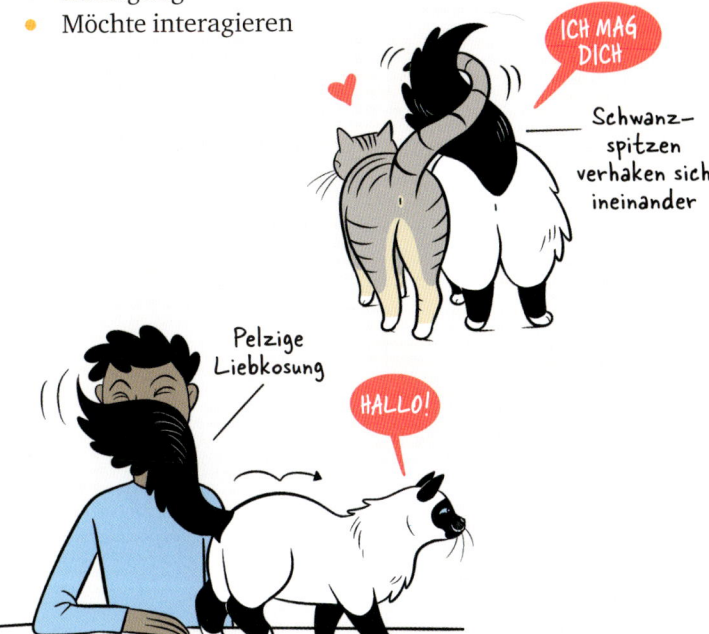

ICH MAG DICH

Schwanz-spitzen verhaken sich ineinander

Pelzige Liebkosung

HALLO!

Angespannter Schwanz

Meist dann zu sehen, wenn die Katze auf dem Rückzug ist.

Was zu sehen ist
- Schwanz wird starr und nach unten gesenkt getragen
- Schwanzspitze zeigt in Richtung Boden oder ist unter dem Körper versteckt

Was es bedeuten kann
- Katze ist unsicher
- Fühlt sich ungeschützt
- Ist beunruhigt
- „Muss ich hier weg?"

Schwanzwedeln

Was zu sehen ist

- Die obere Hälfte des Schwanzes wedelt oder schwingt hin und her

Was es bedeuten kann

- Katze ist mit einer Situation beschäftigt
- „Kann mich nicht zurückhalten!"
- Fixiert etwas
- Beobachtet oder wartet, dass etwas passiert

Je heftiger die Schwanzbewegung, desto stärker die Gefühle.

Peitschender Schwanz

Was zu sehen ist

- Schwanz schlägt oder peitscht hin und her – heftige Wedel-, Schlag oder Klopfbewegung

Was es bedeuten kann

- Katze ist überwältigt
- Ist verärgert
- „Das ist zu viel!"
- „Kann mich grad nicht entspannen!"

Heftige Schwanzbewegungen können je nach Kontext Aufregung, Irritation oder Überstimulation signalisieren.

Aufgeplusterter, „erschreckter" Schwanz

Für das richtige Verständnis der Situation ist der Bewegungsablauf als Ganzes wichtig.

Was zu sehen ist

- Schwanzfell sträubt sich plötzlich, wird buschig oder aufgeplustert
- Wenn sich der Rest des Körpers entspannt, bleibt der Schwanz weiterhin aufgeplustert

Was es bedeuten kann

- Hat sich erschreckt
- Ist geblendet
- Erholt sich von einem Schreck oder einer Störung

Aufgeplusterter, defensiver Schwanz

Wird auch als „Flaschenbürste" oder „Tannenbaum" bezeichnet.

Was zu sehen ist

- Schwanz ist aufgeplustert – zeigt nach unten oder nach oben
- Kopf ist gesenkt oder eingezogen
- Gesicht und Körper sind angespannt
- Körper ist seitlich gestellt, um größer zu erscheinen

Was es bedeuten kann

- Katze ist verängstigt
- Fühlt sich in die Enge getrieben
- Ist defensiv
- „Bleib weg! Nicht näherkommen!"
- „Angriff ist die beste Verteidigung!"

Siehe auch Verängstigt auf Seite 95.

Andere Schwanzformen

Da der Schwanz einer Katze nicht alles verrät, ist es wichtig, immer den ganzen Körper in Bewegung und im Kontext zu betrachten – vor allem bei Katzen, die einen kurzen oder gar keinen Schwanz haben.

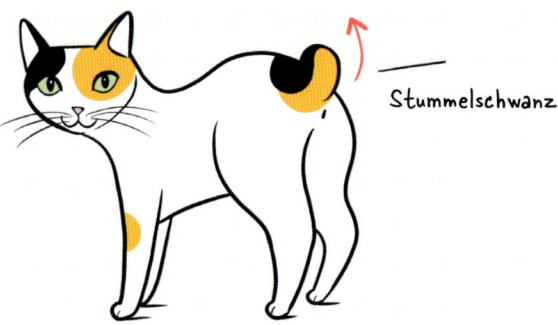

FÜHLT SICH WOHL

Stummelschwanz

ENTSPANNT

MISSTRAUISCH

Geduckt

Kopf gesenkt

Kurzer
Schwanz

UNSICHER

SELBSTSICHER

Kein Schwanz

KÖRPERHALTUNG

Hier nun einige Beispiele,
die zeigen, was uns der gesamte
Katzenkörper sagen will.

Ohren nach vorn
gerichtet

Sanfte Augen

Kopf über
den Schultern

Nicht
angespannt

Ohren nach vorn
gerichtet

Sanfte Augen

Körper
ausgestreckt

Pfotenballen
berühren den Boden

Zufrieden und entspannt

Der Körper einer entspannten Katze macht einen weichen und biegsamen Eindruck und bewegt sich nur träge.

Was zu sehen ist

- Gesicht und Körper sind nicht angespannt
- Flüssige Bewegungen, nicht nervös oder ruckartig
- Körpergewicht ist gleichmäßig verteilt

Was es bedeuten kann

- Katze ist entspannt, zufrieden
- „Alles gut."
- „Ich chille nur!"

Gut zu wissen: Eine Katze, deren Pfotenballen den Boden nicht berühren, ist noch entspannter als eine Katze, deren Pfotenballen den Boden berühren.

„Brotlaib"-Position

NUR EIN KURZES NICKERCHEN

Schläfrige Augen

Pfoten eingefaltet (Pfotenballen berühren den Boden nicht)

Besonders entspannt, fühlt sich wohl

Je „offener" oder ausgestreckter der Körper der Katze ist, desto entspannter und wohler fühlt sie sich. Vielleicht knetet die Katze sogar mit ihren Vorderpfoten (siehe auch Treteln auf Seite 120).

Was zu sehen ist

- Offene Körperhaltung – schlaff oder ausgestreckt
- Alle Pfoten (Pfotenballen) freiliegend, Pfoten ohne Bodenkontakt
- Entspanntes Gesicht

Was es bedeuten kann

- Fühlt sich in ihrem Körper und in ihrer Umgebung wohl
- Ist besonders entspannt

DAS FÜHLT SICH GUT AN

Streckt Zehen und fährt Krallen aus

Streckt und dehnt sich

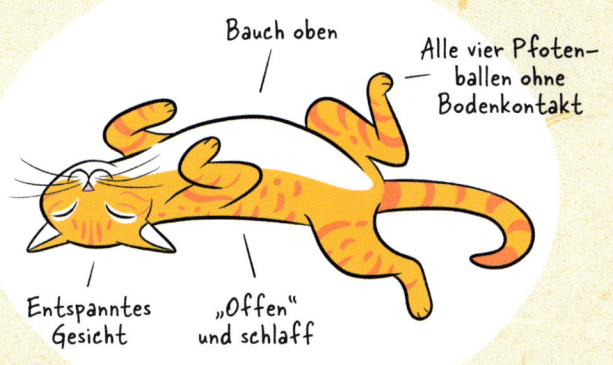

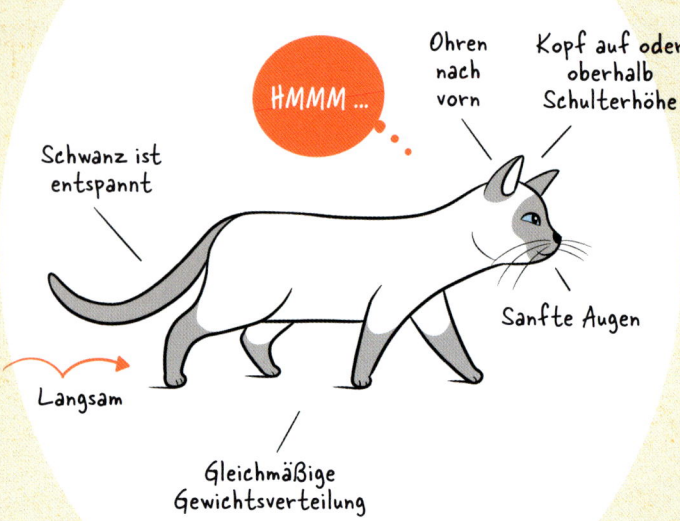

Gemächliche Bewegungen

Entspannte Katzen zeigen gleichmäßige Bewegungen vom Kopf bis zum Schwanz, ohne dass ihr Körper angespannt ist. Ruckartige, stakkatoartige oder nervöse Bewegungen deuten darauf hin, dass Ihre Katze erregt, beunruhigt oder gereizt ist.

Was zu sehen ist

- Kopf ist auf Schulterhöhe oder höher
- Sanfte Augen, nach vorn gerichtete Ohren
- Langsamer, träger Gang
- Entspannter Schwanz – erhoben oder gesenkt (hängt von der einzelnen Katze ab)

Was es bedeuten kann

- Katze ist mäßig neugierig
- Auf nichts Bestimmtes konzentriert
- Fühlt sich in ihrer Umgebung wohl

Gut zu wissen: Achten Sie auf die Kopfhaltung Ihrer Katze im Verhältnis zu ihrer Schulterhöhe. Je tiefer sie ihren Kopf zwischen die Schultern einzieht, desto unsicherer oder ängstlicher fühlt sich die Katze.

Selbstsichere Bewegungen

Was zu sehen ist

Direkte Annäherung
- Kopfhaltung in Schulterhöhe oder höher
- Ohren nach vorn gerichtet
- Schwanz wird hoch und leicht eingerollt getragen (siehe auch ab Seite 60)

Was es bedeuten kann
- Katze ist glücklich
- Ist selbstsicher und ausgeglichen
- Ist freundlich gestimmt

Unsicher

Katzen können ihre Unsicherheit sowohl im Stehen als auch im Liegen ausdrücken.

Was zu sehen ist
- Bewegt sich nicht mehr
- Kopf ist unterhalb Schulterhöhe
- Leicht geduckt, Gliedmaßen eingezogen

Was es bedeuten kann
- Ist unsicher
- Ist vorsichtig
- „Näher ran oder zurückziehen?"

Schwanz gesenkt

DAS IST NICHT WIE SONST

Ohren flacher angelegt/gedreht

Leicht geduckt

Kopf ist unterhalb Schulterhöhe

Kratzen
(auf einer Oberfläche)

Kratzen ist ein wesentliches Bedürfnis von Katzen.
Selbst Katzen, deren Krallen amputiert (gezogen) wurden,
werden versuchen zu kratzen.

Was zu sehen ist

- Mit den Krallen über eine horizontale oder vertikale
  Oberfläche fahren
- Ausgestreckter Körper

Was es bedeuten kann

Katze ist glücklich, aufgeregt

- Sucht Aufmerksamkeit oder Zuwendung von ihren
  Menschen
- Muss sich abreagieren
- Krallenpflege: Streift die alten Krallenhüllen ab oder
  wetzt ihre Krallen
- Super Körperdehnung
- Hinterlässt Pheromone (siehe auch Duftmarkieren auf
  den Seiten 15–17)

Aufmerksam, neugierig

Was zu sehen ist

- Kopf hoch erhoben
- Ohren aufgerichtet, Augen weit geöffnet
- Kann sich auf die Hinterbeine stellen

Was es bedeuten kann

- Ist wachsam, aufmerksam
- Ist leicht angespannt, aber nicht so sehr, dass sie wegrennt und sich versteckt
- „Ich brauch mehr Infos."

Fixieren, Anpirschen

Was zu sehen ist

- Körper ist dicht am Boden, Hals ist vorgestreckt.
- Konzentrierter Blick, Pupillen können ihre Größe verändern
- Wartet und beobachtet oder pirscht sich langsam heran

Was es bedeuten kann

- Ist sehr konzentriert
- Berechnet die Distanz
- „Dich krieg ich!"
- Siehe auch Jagdspiel auf Seite 143–145.

DIE BEUTE IST GANZ NAH!

Ohren nach vorn

Fixierender Blick

Pirscht sich heran

Körper dichter am Boden

Hals vorgestreckt

Ängstlich

Was zu sehen ist

- Kauert dicht am Boden, hält Abstand
- Schwanz ist gesenkt oder eingezogen

Was es bedeuten kann

- Hat Angst
- Ist unsicher
- Fühlt sich in Gefahr oder unbehaglich
- Bereit zur Flucht

BEREIT ZUR FLUCHT!

Angespannte Bewegungen

Ohren nach hinten/flacher angelegt

Geweitete Pupillen

Ganzer Körper dicht am Boden

Duckt sich weg/ Kriecht weg

Sehr ängstlich

Je ängstlicher sich eine Katze fühlt, desto kleiner oder flacher macht sie sich.

Was zu sehen ist
- Kopf ist geduckt, eingezogen, Gliedmaßen sind eingezogen
- Alle vier Pfoten sind flach auf dem Boden
- Pupillen sind geweitet

Was es bedeuten kann
- Ist verängstigt / Ist unsicher
- „Schau mich nicht an." / „Lass mich in Ruhe!"

DAS IST ALLES SO FURCHTBAR

Duckt sich

Kopf gesenkt, eingezogen

Ohren flach angelegt

Pupillen geweitet

Schnurrhaare nach hinten geklappt

Schwanz eingezogen oder um den Körper gelegt

Alle Pfoten auf dem Boden

Defensiv

Dieses Verhalten wird häufig als „die Katze ist gemein"
missverstanden.

Was zu sehen ist

- Körper ist geduckt, Gewicht ist nach hinten verlagert
- Pfote ist erhoben (bereit für einen Pfotenhieb)
- Ohren sind flach angelegt
- Kann fauchen, knurren oder spucken

Was es bedeuten kann

- Fühlt sich in die Enge getrieben, ohne Fluchtmöglichkeit
- Ist extrem verängstigt
- Die Bedrohung muss
  verschwinden

ICH HAB KEINE ANDERE WAHL!

Gesträubtes Fell

Ohren flach angelegt

Gewicht nach
hinten verlagert

FAUCH!!!

Kopf nach
unten gehalten

Pfote erhoben (bereit
für einen Pfotenhieb)

Aufrecht, verängstigt

Diese typische „Halloween-Pose" (Buckel mit kerzen-
gerade nach oben gerichtetem oder gesenktem Schwanz)
wird oft als „böse" oder „gemein" missverstanden.

Was zu sehen ist

- Steht aufrecht und steif, macht einen Buckel
- Kopf ist gesenkt oder eingezogen
- Körper ist seitlich gestellt
- Schwanz ist aufgeplustert – gesenkt oder erhoben
- Kann fauchen, knurren oder spucken

Was es bedeuten kann

- Ist erschrocken oder verängstigt, kann sich nirgends
  verstecken
- Fühlt sich in die Enge getrieben
- „Verschwinde von hier!"
- Verteidigungsbereit
- Macht sich groß, als Warnung

Siehe auch Katzenbuckel auf Seite 98.

Groß, drohend

Diese Haltung wird normalerweise gegenüber einer anderen Katze eingenommen, entweder im Sitzen oder im Stehen.

Was zu sehen ist

- Steht aufrecht und steif
- Kopf wird hoch über Schulterhöhe gehalten
- Anhaltendes intensives Anstarren
- Kann fauchen oder knurren

Was es bedeuten kann

- Ist wütend oder verärgert
- Muss die andere Katze aus diesem Bereich vertreiben
- „Das gehört mir. Verschwinde von hier!"
- Angriffsbereit
- Je nach Reaktion der anderen Katze kann diese Katze entweder kämpfen oder sich zurückziehen.

Siehe auch Anstarren auf Seite 42.

Katzenbuckel

Gleiche Körperhaltung, aber andere Bewegungen!

Eine Bedrohung ausschalten

Wenn Katzen sich unsicher fühlen, machen sie als Abwehrbewegung einen Buckel. Ihre Kopfhaltung ist tief und ihre Bewegungen sind angespannt.

„Mir geht's gut"

Wenn der ganze Körper locker und entspannt ist, kann ein Katzenbuckel Teil einer großen, langsamen Dehnung oder einer freundlichen Begrüßung sein.

Spielaufforderung

Wenn eine Katze seitwärts hüpfende Bewegungen macht, könnte das eine Spielaufforderung sein.

Eine Bedrohung ausschalten

Katzenbuckel, gesträubtes Fell

Kopf gesenkt, Ohren flach angelegt

Aufgeplusterter Schwanz

GEH WEG!

Angespannt

„Mir geht's gut"

Kopf erhoben

Katzenbuckel

FÜHLT SICH GUT AN

Ausgiebiges Dehnen (lockerer Körper)

Gestreckte Beine

Spielaufforderung

Katzenbuckel

Ohren zeigen nach vorn

Sanfter Blick

SPIELST DU MIT MIR?

Läuft/Springt seitwärts (Krebsgang)

Aufgeplusterter Schwanz

MIII–AU!

MII–ECK!

MRRR–IAU!

WHRRRAU!

KATZENLAUTE

Hauskatzen können mehr als einhundert verschiedene Lautäußerungen von sich geben! Hier ein paar der bekannteren.

Schnurren

Was zu hören ist
- Mit geschlossenem Maul hergestellter Laut, wie ein rhythmisches Rumpeln

Was es bedeuten kann
- Ist zufrieden
- Ist glücklich, in einer warmen und vertrauten Situation zu sein
- Angespannte oder unruhige Körpersprache: Katze fühlt sich körperlich unwohl, will sich selbst beruhigen und braucht Hilfe
- Will etwas (meist eine andere Tonlage)

Trillern oder Zwitschern

Was zu hören ist

- Mit geschlossenem Maul hergestellter Laut, wie ein kurzes Trillern oder Zwitschern

Was es bedeuten kann

- Geht freudig auf eine ihr bekannte Person zu
- Katzenmutter, die ihre Jungen ruft

Schwanz aufgerichtet

RRRRRP?

Kommt näher

Sanfte Augen, Ohren zeigen nach vorn

Schnattern, Keckern

Was zu sehen und zu hören ist

- Mäulchen geht mehrmals schnell auf und zu
- Hört sich wie Schnattern oder Vogelzwitschern oder Vogelrufe an

Was es bedeuten kann

- Ist aufgeregt
- Beobachtet Vögel oder kleine Beutetiere

Miauen

Miauen ist im Allgemeinen nicht die Art und Weise, wie erwachsene Katzen miteinander kommunizieren. Kitten miauen ihre Mutter an und erwachsene Katzen miauen ihre Menschen an.

Was zu hören ist

- Jede Katze hat ihr eigenes Repertoire an Miau-Lauten in verschiedenen Tonlagen, um unterschiedliche Wünsche auszudrücken.

Was es bedeuten kann

- „Hallo! Entschuldigung! Entschuldigung!"
- „Bitte gib mir ..."
- Ist verärgert oder verzweifelt (meist eine andere Tonlage – siehe Jaulen auf Seite 109)
- Verlangt nach Futter, Aufmerksamkeit, Streicheln oder etwas anderem

Katzen wiederholen ihre besonderen Laute, weil diese eine gewisse Wirkung auf ihre Menschen haben.

Knurren, Fauchen und Spucken

Was zu sehen ist

- Gestresste Körpersprache (siehe auch Ohren gedreht auf Seite 30, Ohren flach angelegt auf Seite 33, Defensiv auf Seite 93 und Verängstigt auf Seite 95)

Was es bedeuten kann

- Ist erschrocken, verängstigt, gestresst, „Raus hier!!!"
- „Bleib weg von mir!!!" (Die genaue Bedeutung hängt vom jeweiligen Kontext ab.)

Jaulen

Wird auch als Katzenmusik bezeichnet.

Was zu hören ist

- Langgezogenes, tief klingendes Miauen oder Heulen

Was es bedeuten kann

- Schmerz, Langeweile oder Verwirrung
- Ausdruck von Verzweiflung in unangenehmen Situationen
- Auf der Suche nach Menschen
- Eine unkastrierte Katze kann jaulen, wenn sie rollig ist

FREUNDLICHES VERHALTEN

Hier einige häufige Zeichen, die anzeigen, dass Ihre Katze gesellig ist oder die Nähe zu Ihnen, einem anderen Menschen oder einer anderen Katze sucht.

Freudiges Hallo!

An eine andere Katze oder einen Menschen gerichtet.

Was zu sehen ist

- Nähert sich mit erhoben und entspannt getragenem Schwanz
- Entspannter Gesichtsausdruck und Körper
- Keine angespannten Bewegungen

Was es bedeuten kann

- Katze ist glücklich
- „Ich komme in Frieden!"
- „Hallöchen!"

Köpfchengeben

Auch als Kopfnuss bekannt. Wird manchmal auch als Kopfstupser oder Kopfstoß bezeichnet.

Was zu sehen ist
- Reibt Kopf oder Gesicht an jemandem oder etwas (siehe auch Seite 17).

Was es bedeuten kann
- Anhänglichkeit
- Freudiges Wiedersehen
- „Ich mag dich, mein Freund!"
- Auffrischen des Gruppengeruchs

Körperkontakt

Was zu sehen ist

- Körperkontakt (im Vorbeilaufen oder beim Ruhen)
- Sich berührende oder ineinander verschlungene Schwänze

Was es bedeuten kann

- Ist freundlich gestimmt
- „Ich bin keine Bedrohung."
- „Wir sind Familie."
- Genießt ein Wiedersehen
- Frischt den Gruppenduft auf

Nasenstupser

Katzen, die sich mögen, reiben ihre Nasen aneinander. Die Körpersprache jeder einzelnen Katze verrät Ihnen, wie die Interaktion verläuft.

Was zu sehen ist

- Reibt ihre Nase an der Nase einer anderen Katze

Was es bedeuten kann

- Ist freundlich gestimmt
- Begrüßt ein Gegenüber
- Sagt hallo

Fallenlassen und Wälzen

Auch „soziales Wälzen" genannt. Eine Katze kann sich vor einer anderen Katze hinfallen lassen und wälzen, um abzuchecken, ob zwischen ihnen alles in Ordnung ist und sich kein Konflikt anbahnt.

Was zu sehen ist

- Lässt sich fallen und rollt sich auf die Seite oder den Rücken
- Gesicht und Körper sind entspannt
- Weiche, biegsame Bewegungen

Was es bedeuten kann

- Ist freundlich gestimmt
- Ist vertrauensvoll
- „Wie geht's dir?"

Wird manchmal gemacht, um das Spiel mit einer anderen Katze zu initiieren (siehe Sozialspiel auf Seite 147–149).

Auf den Rücken wälzen, den Bauch präsentieren

Diese verwundbare Pose wird von Menschen oft als Aufforderung missverstanden, den Bauch der Katze zu berühren. Eine Katze, die sich auf den Rücken fallen lässt, sucht jedoch nicht immer nach sozialer Interaktion.

Hallo, ich mag dich!

Wenn sich Katzen vor einer fremden Person mit entspanntem Körper auf den Rücken fallen lassen und wälzen, zeigen sie sich vertrauensvoll und freundlich. Vor einem Artgenossen könnte dies eine Einladung zum Spielen sein.

Abwehrhaltung

Wenn Stresssignale zu erkennen sind und der Körper steif ist, könnte die Katze sich in Position bringen, um sich mit Zähnen und Klauen zu verteidigen.

Reaktion auf Katzenminze oder Baldrian

Manche Samtpfoten reagieren auf die chemischen Stoffe in Katzenminze oder Baldrian, indem sie sich auf dem Boden wälzen (siehe auch die „Katzenminze-Reaktion" auf Seite 23).

Sind wir Freunde?

HALLO, ICH MAG DICH!

Wälzt sich, präsentiert Bauch

Körper biegsam, gestreckt

Ohren nach vorn

Pfoten ausgestreckt

Abwehrhaltung

DU WAGST ES?

Angespannt, präsentiert Bauch

Kopf eingezogen (Kinn auf der Brust)

Ohren nach hinten/ flach angelegt

Pfote erhoben (Krallen ausgefahren)

Katzenminze-Reaktion

ICH FÜHL MICH SO ANDERS ...

Wälzt sich, präsentiert Bauch

Reibt das Gesicht

Gesicht und Körper entspannt

Treteln

Oft auch als „Kneten" oder „Kekse backen" bezeichnet. Passiert meist auf einem weichen Bett oder dem Schoß eines Menschen.

Was zu sehen ist

- Tretelt rhythmisch mit ihren zwei Vorderpfoten auf einer Fläche
- Kann dabei schnurren bzw. speicheln

Was es bedeuten kann

- Zuneigung
- Vertrauen
- Macht sich's bequem
- Stressabbau
- Hinterlässt mit den Pfoten ihren Geruch (siehe Duftmarkieren auf Seite 15–17)

Katzenjunge treteln oder kneten bei ihrer Mutter, um die Abgabe von Milch zu fördern.

Gegenseitiges Ablecken

Auch als Allogrooming, wechselseitige oder soziale Fellpflege zwischen befreundeten Katzen, bekannt.

Was zu sehen ist

- Ablecken von Gesicht oder Kopf einer Katzenfreundin
- Kann auch sanftes Beknabbern von Gesicht oder Hals einschließen

Was es bedeuten kann

- Zuneigung
- Ist freundlich gestimmt
- Will Konflikt vermeiden
- Freudiges Wiedersehen

Allogrooming kann auch zu Irritationen führen. Wenn eine Katze eine andere ableckt, aber diese das gerade nicht möchte, wird man eine gestresste Körpersprache bei ihr feststellen können (etwa peitschender/ schlagender Schwanz), was so viel bedeutet, wie: „Das reicht jetzt. Hör auf!"

Nähe

Wenn Katzen im selben Raum zur selben Zeit miteinander abhängen, ohne sich zu berühren (oder ohne berührt werden zu wollen), wird dies oft als „unnahbar" missverstanden. Den Raum mit anderen Katzen und Menschen zu teilen, ist eine große Sache in der sozialen Katzenwelt.

Was zu sehen ist

- Katzen, die nahe beieinandersitzen oder sich ausruhen, auch wenn sie sich nicht körperlich berühren
- Entspannte Gesichter und Körper

Was es bedeuten könnte

- Fühlen sich wohl
- Sind zufrieden
- „Ich bin bei meiner Familie."
- Genießen den Gruppengeruch

Katzen, die sich nicht mögen und gezwungen sind, sich einen Raum zu teilen, dulden einander nur, wenn sie nirgendwo anders hingehen können. Dabei positionieren sie sich in bestimmten Abständen und zeigen eine weniger entspannte Körpersprache.

KONFLIKT- ODER STRESSVERHALTEN

Wenn Ihre Katze sich unwohl fühlt, unsicher ist, was sie tun soll, oder mit Stress zu kämpfen hat, sind folgende Verhaltensweisen zu beobachten.

Wegschauen, Kopf abwenden

Wird oft als unnahbar oder unsozial missverstanden.

Was zu sehen ist

- Meidet den Blickkontakt oder wendet den Kopf von der Stressquelle ab
- Kopf kann auch kurz nach unten sinken, wie ein Nicken

Was es bedeuten kann

- Ist unruhig
- „Ich brauch etwas Freiraum."
- Will eine Interaktion höflich unterbrechen oder beenden

Nase lecken

Was zu sehen ist

- Schnelles Ablecken der Lippe oder Nase, gefolgt von Schlucken (nicht zu verwechseln mit dem Lecken der Lippen nach dem Fressen)

Was es bedeuten kann

- Fühlt sich unbehaglich, beunruhigt
- Fühlt sich in die Enge getrieben
- Muss Spannung abbauen

WAS WILL DIE VON MIR??

Leckt Nase

Stressbedingtes Putzen oder Kratzen

Das Putzen oder die sogenannte „Katzenwäsche" ist ein typisches und normales Katzenverhalten. Meist putzen sich Katzen nach einer Mahlzeit und vor einem Nickerchen. Stressbedingtes Putzen allerdings ist ein Beispiel für ein Verhalten, das in Angst- oder Konfliktsituationen ausgeführt wird.

Was zu sehen ist

- Plötzliches Lecken, während die Katze gerade mit etwas anderem beschäftigt ist
- Leckt sich kurz und hektisch ein paarmal seitlich am Bein, Körper oder Schwanzansatz

Was es bedeuten kann

- Hat Angst
- Kann die Situation nicht deuten
- Muss sich abreagieren
- Muss sich auf etwas anderes konzentrieren

Übrigens: Längeres Putzen einer Körperstelle kann auf Schmerzen oder Beschwerden hinweisen, insbesondere wenn Rötungen oder kahle Stellen zu sehen sind.

Stressbedingtes Gähnen

Was zu sehen ist

- Kurzes Gähnen
- Katze ruht sich nicht aus oder ist nicht schläfrig

Was es bedeuten kann

- Hat Angst
- Fühlt sich unbehaglich
- Muss Spannung abbauen
- Muss Konflikt vermeiden
- „Das ist heftig."

Hautzucken

Was zu sehen ist

- Die Haut oder das Fell am Rücken zuckt oder bewegt sich wellenartig bei Berührung

Was es bedeuten kann

- Fühlt sich unwohl
- Ist irritiert
- Muss Spannung abbauen

Übrigens: Hautzucken ohne jegliche Berührung kann durch bestimmte Medikamente, Katzenminze oder Baldrian sowie das Feline Hyperästhesie-Syndrom ausgelöst werden, eine Erkrankung, bei der die Haut der Katze eine extreme Sensibilität aufweist und sich bei Berührung wellenartig bewegt.

Wellen-artiges Hautzucken

BITTE NICHT

Schütteln

Was zu sehen ist
- Kopf- oder Körperschütteln (obwohl die Katze nicht nass ist)

Was es bedeuten kann
- „Genug, danke!"
- Stressabbau
- Spannungsabbau nach einer intensiven Erfahrung (positiv oder negativ)

Übrigens: Häufiges Kopfschütteln kann auch ein Symptom für eine Ohrenentzündung sein.

PUUH

Schüttel Schüttel Schüttel

Verstecken

Was zu sehen ist

- Bleibt außer Sichtweite, reagiert nicht
- Wenn sie sich nirgends verstecken kann, drückt sie Gesicht und Körper in eine enge Ecke

Was es bedeuten kann

- Ist gestresst
- Ist unsicher oder fühlt sich unwohl

Übrigens: Keinen sicheren und ungestörten Platz zum Verstecken zu haben, ist für eine Katze noch stressiger als sich zu verstecken.

Zoomies oder „verrückte fünf Minuten"

Die sogenannten „verrückten fünf Minuten" sind ein gesunder Weg für Ihre Katze, um Stress abzubauen.

Was zu sehen ist
- Ihre Mieze rast ganz plötzlich wie verrückt herum und ist total aufgedreht
- Kann dabei springen, klettern, springen, miauen, kratzen und beißen

Was es bedeuten kann
- Stressabbau
- Erleichterung
- Freisetzung aufgestauter Energie nach einer langen Schlafphase oder aus Langeweile
- Ist überreizt

Katzen haben ihre „verrückten fünf Minuten" gewöhnlich zu Beginn ihrer natürlichen Wachphasen (Abend- und Morgendämmerung) sowie nach dem Kotabsatz.

Schlaf vortäuschen

Eine Katze kann so tun, als ob sie schläft, wenn sie sich nirgends sicher verstecken kann.

Was zu sehen ist

- Zusammengekauerte, geduckte Haltung, reagiert nicht
- Kopf ist eingezogen
- Augen sind nicht vollständig geschlossen

Was es bedeuten kann

- Ist sehr gestresst
- Hat „abgeschaltet"
- „Wenn ich so tu, als ob ich schlafe, lassen sie mich vielleicht in Ruhe."

„Schmerzgesicht"

Was zu sehen ist

- Kopf ist auf Brust gedrückt
- Ohrspitzen stehen weit auseinander
- Augen sind zusammengekniffen und meiden den Augenkontakt
- Schnurrhaare sind gerader, gesträubter als sonst
- Maulwinkel sind nach hinten gezogen

Was es bedeuten kann

- Anzeichen für Schmerzen

Übrigens: Die neutrale Stellung der Ohren und Schnurrhaare variiert je nach Katze.

Ohren weiter auseinander

Kopf gesenkt

MIR GEHT'S NICHT GUT

Augen zusammengekniffen

Maulwinkel nach hinten gezogen

Gesträubte Schnurrhaare (Enden stehen weiter auseinander)

Schwanz eingezogen

SPIELEN

In der Katzenwelt gibt es zwei
Hauptformen des Spiels:
das Jagdspiel (mit kleinen
Gegenständen und Beutetieren)
und das Sozialspiel
(mit Katzenfreunden).

Verfolgen

Anspringen

„Ohrfeigen"

Packen

Jagdspiel

Auch bekannt als Beute- und Objektspiel.
Das Jagdverhalten ist wichtig für die Gesundheit der Katze und ein wesentlicher Bestandteil des Katzendaseins. Katzen sind Einzelgänger, daher ist das Jagdspiel ein solitäres Spiel mit kleinen Gegenständen, auch mit Spielzeug, das von Menschenhand wie Beute bewegt werden kann.

Das Jagdspiel macht einer Katze viel Spaß und bietet Ihnen eine gute Gelegenheit, eine Bindung zu Ihrer Samtpfote aufzubauen und zu erfahren, was sie mag. Beim Jagdspiel setzen unsere Sofa-Löwen ihre Krallen und Zähne ein, um mit der Beute zu interagieren.

Mit zunehmender Reife verbringt die Räuberin vielleicht weniger Zeit mit „Zähnen und Klauen" und stattdessen mehr Zeit mit „Pirsch und Hinterhalt".

Beobachten und warten …

Wackel

Lauerstellung

Pirsch und Hinterhalt

- Volle Konzentration auf Gegenstand, der sich wie Beute bewegt
- Macht sich sprungbereit

Zähne und Klauen

- Tatzenschwinger
- Schlagen, Zupacken und Halten …
- Mit den Hinterpfoten treten (Bunny Kick)
- Tötungsbiss

Zähne und Klauen!

Töten!

Sozialspiel

Katzenspiel wird leicht als Kampf missverstanden. Wenn zwei Katzen spielen, ist das ein harmloser „ritualisierter Konflikt". Ihre raue Körpersprache beim Spielen kann wie Aggression aussehen, ist aber mehr ein Sportevent.

Was zu sehen ist

- Starrduell
- Ohren drehen sich
- Katzenbuckel und gesträubtes Fell
- Weitläufige Schwanzbewegungen

Woran wir erkennen, dass es nur Spaß ist

- Meistens geräuschlos (kein Fauchen, Grollen oder Quieken)
- Schlagen oder Patschen mit eingezogenen Krallen – keine Schmerzen oder Verletzungen
- Beißhemmung – keine Schmerzen oder Verletzungen
- Katzen liegen abwechselnd oben und unten
- Viele kurze Pausen (siehe auch Spielpausen auf Seite 150)
- Jede Katze kann einfach weggehen; sie entscheiden sich aber, zurückzukommen oder zu bleiben

Im Kontext des Spiels sind dies alles keine bedrohlichen Signale. Beide Katzen bleiben bei der Sache, bis eine von ihnen geht. Krallen und Zähne werden im Zaum gehalten und nicht zum Verletzen (oder gar Töten) eingesetzt. In der Regel pflegen die beiden eine freundschaftliche Beziehung und praktizieren auch gegenseitige Fellpflege (siehe Seite 122–123).

Spielpausen

Katzen sind leicht abzulenken und häufige Spielpausen sagen Ihnen, dass sich keine Katze ernsthaft von der anderen Katze bedroht fühlt.

Was zu sehen ist

- Sieht kurz etwas anderes an
- Leckt oder kratzt sich kurz
- Dreht kurz den Kopf oder nickt kurz
- Kurze Pausen, sanfte blinzelnde Augen

Was es bedeuten kann

- „Wie kann ich mich besser in Stellung bringen, um dieses Spiel zu gewinnen?"
- Abgelenkt durch etwas anderes
- Braucht eine kurze Pause
- Überlegt, was der nächste Schritt sein könnte

Wenn der Spaß aufhört

Manchmal kann das freundschaftliche Spiel zu intensiv werden und in einen Konflikt ausarten. Es macht auch keinen Spaß mehr, wenn die eine Katze auf ein echtes Jagdspiel aus ist und die andere Katze tatsächlich gejagt wird, es aber nicht möchte.

Achten Sie auf die Körpersprache und die Bewegungen der einzelnen Katzen, um festzustellen, ob es sich um ein Spiel handelt, das beiden Seiten Spaß macht, das nur einer Katze Spaß macht oder ein echter Kampf ist.

Woran wir erkennen, dass es ein Kampf und kein Spaß mehr ist

Was zu sehen und zu hören ist

- Fauchende, knurrende oder quiekende Geräusche
- Intensive Interaktion ohne Pausen (längeres Anstarren, Stresssignale)
- Schmerzen oder Verletzungen von Bissen oder Schlägen
- Die eine Katze nimmt die Verfolgung auf, während die andere Katze zu entkommen versucht oder wegläuft und nicht mehr zurückkommt
- Bei einem echten Kampf zwischen zwei Katzen kann keine von beiden einfach abhauen

Schlagen

Ein Knuff, Schlag oder Pfotenhieb wird häufig als „aggressive" Interaktion missverstanden, weil manchmal die Krallen daran beteiligt sind. Um zu wissen, was wirklich los ist, achten Sie darauf, was vor und nach der ganzen Action passiert.

Jagdspiel eröffnet!

Wenn Schlagen Leben in das Gegenüber bringt, will man es wieder schlagen … Diese Mieze hat ihren Spaß.

Lass das

Wenn subtilere Kommunikationssignale keine Wirkung zeigen, setzen Katzen unter Umständen ihre Pfote ein, um weitere Gemeinheiten zu verhindern. „Das reicht, danke."

Dreingabe

Wenn ein Sofa-Löwe neugierig auf einen Gegenstand ist, wird er ihn mit seinen Pfoten untersuchen. Manchmal gibt es dafür eine große Belohnung: etwa extra Aufmerksamkeit vom geliebten Zweibeiner …

Jagdspiel eröffnet!

Lass das

Dreingabe

Herzlichen Glückwunsch

Sie haben die ersten Schritte gemacht und sind auf dem besten Weg, die Körpersprache Ihrer Katze (noch) besser zu verstehen.

Weitere Informationen über das Verhalten von Katzen finden Sie hier: kittylanguagebook.com

Danke

Mein tief empfundener Dank gilt den folgenden Verhaltensberatern für Katzen und Wissenschaftlern, die mir bei diesem Buch geholfen haben.

- Caroline Crevier-Chabot
- Dr. Mikel Delgado
- Sarah Dugger
- Dr. Sarah Ellis
- Hanna Fushihara
- Dr. Emma K. Grigg
- Rochelle Guardado
- Julia Henning
- Jacqueline Munera
- Dr. Wailani Sung
- Dr. Zazie Todd
- Dr. Andrea Y. Tu
- Melinda Trueblood-Stimpson
- Dr. Kristyn Vitale

Ebenso gilt mein Dank: dem fantastischen Team von Ten Speed Press – Julie Bennett, Isabelle Gioffredi, Terry Deal und Dan Myers – dafür, dass ihnen dieses Buch so schön gelungen ist.

Meiner Agentin Lilly Ghahremani, die mir immer den Rücken freihält.

Meinen Freunden und meiner Familie für ihre Unterstützung und für das Durchlesen der ersten Manuskriptentwürfe: Nathan Long, Linda Lombardi, Solvej Schou, Kitty Scott, Alice Tong, Kiem Sie, Ta-Te Wu, Christa Faust und Dr. Eduardo J. Fernandez.

Englischsprachige Originalausgabe:
Text and illustrations copyright © 2023 by Lili Chin.

All rights reserved.
Published in the United States by Ten Speed Press, an imprint of
Random House, a division of Penguin Random House LLC, New York.
TenSpeed.com
RandomHouseBooks.com

Ten Speed Press and the Ten Speed Press colophon are registered trade-
marks of Penguin Random House LLC.

Library of Congress Cataloging-in-Publication Data
Names: Chin, Lili, author.
Title: Kitty language: an illustrated guide to understanding your cat/
Lili Chin.
Description: First edition. New York: Ten Speed Press, an imprint of
Random House, a division of Penguin Random House LLC, 2023.

Deutschsprachige Ausgabe:
All rights reserved including the right of reproduction in whole or in part
in any form. This edition published by arrangement with Ten Speed
Press, an imprint of the Crown Publishing Group, a division of Penguin
Random House LLC.

Bildquellen
Alle Illustrationen im Innenteil, auf den Vorsätzen und auf dem Buchumschlag stammen von der Autorin Lili Chin (www.doggiedrawings.net) mit Ausnahme des Icons auf dem Rücken, dieses stammt von Adobe Stock/Studio Barcelona.
Den geschwungenen Schriftzug auf Einband und Titelseite fertigte Susanne Dinkel (www.dinkel-illustrationen.de).

Haftungsausschluss
Die in diesem Buch enthaltenen Empfehlungen und Angaben sind von der Autorin mit größter Sorgfalt zusammengestellt und geprüft worden. Eine Garantie für die Richtigkeit der Angaben kann jedoch nicht gegeben werden. Autorin und Verlag übernehmen keine Haftung für Schäden und Unfälle. Bitte setzen Sie bei der Anwendung der in diesem Buch enthaltenen Empfehlungen Ihr persönliches Urteilsvermögen ein.
Der Verlag Eugen Ulmer ist nicht verantwortlich für die Inhalte der im Buch genannten Websites.

Bibliografische Information der Deutschen Nationalbibliothek
Die Deutsche Nationalbibliothek verzeichnet diese Publikation in der Deutschen Nationalbibliografie; detaillierte bibliografische Daten sind im Internet über http://dnb.d-nb.de abrufbar.

© 2024 Eugen Ulmer KG
Wollgrasweg 41, 70599 Stuttgart (Hohenheim)
E-Mail: info@ulmer.de
Internet: www.ulmer.de
Lektorat: Kathrin Gutmann
Herstellung: Judith Schumann
Umschlaggestaltung: Verlag Eugen Ulmer
Satz: r&p digitale medien, Echterdingen
Druck und Bindung: Livonia Print, Lettland
Printed in Latvia

ISBN 978-3-8186-2457-6